ひぐちにちほ

ウチのパグは猫である。2.

ぶんか社

はじめに

どーもー
漫画家の
ひぐちでーす
猫の
お茶目《ちゃめ》でーす
いや〜
まさかの
2巻が
出ましたよ!!
ありがたい
ですね〜
そーですねぇ
最近どうですか
お茶目さん
あのね
すごいコトに
気づいちゃった…
お茶目
猫じゃなかった…
え!?
気づいちゃった!?

お茶目はオールマイティーなキャットだった
歌って踊れて
さんぽできて
ドッグフードも苺も食べられるし
英語にしただけだね?
ん?
そこらへんのただの猫じゃなかった…
おいおいニャンだって!?
お茶目天才だった
……
それではご覧ください『ウチのパグは猫《ねこ》である。』②

もくじ

ウチのパグは猫である。2.

はじめに 2

その1. 一方通行の恋 5

その2. 全力で食いしんぼう 11

その3. I am おケツ lover 17

その4. 6匹6色、儀式の話 23

その5. 必殺！ 宝探しゲーム 29

その6. 「もしも」の話をしてみようか 35

その7. イチゴハンターお茶目 41

その8. お茶目の食欲問題 47

その9. 末っ子脱出の時がきた!? 53

その10. 〆切り前のお決まりタイム 59

その11. キミの名は「ハート」 65

その12. 個性豊かなう●このお話 71

その13. 空気を読んで、いたわって 77

その14. はじめまして、「ななちゅ」です 83

その15. 猫 VS. ななちゅ 89

その16. お茶目の Birthday 95

その17. 水玉の伝説 101

その18. 男らしさ、増量中！ 107

その19. 毎日猛ダ～ッシュ 113

その20. 本性出すぎだ寝 119

その21. We love トーさん❤ 125

その22. アシスタントを紹介します 131

その23. ストーブ前の事情 137

その24. ガハガハのワケ 143

その25. 3兄妹がやってきた!? 149

ひぐちにちほ&ゆかいな仲間たちについてさらに聞いてみた！ 155

あとがき 159

ひぐち家のゆかいな仲間たち写真館 161

どん
実家のフレンチブルドッグ　もー君
お茶目にとって
もー君は
はじめての
ワンコでした
とくん…♡
生後４カ月
大きい顔
太くて
短い
ガニ股の
あし
鈍《どん》くさいし
ボーっと
してるし
ホラ、猫だから
お茶目たちと
全然違う
何かしら…
なんだか
とても……
その1. 一方通行の恋
変な生き物ｗｗ
ナニコレ
あはは
どーｗ

あーあ
やられっぱなし…
ひぐち母
もー君が
やり返さない
なんてねー
……
がぶ
がぶ
がぶ
実はもー君
保護施設から
男の
ワンちゃんとは
ケンカするけど
女の子とは
仲よしですよ
――って
コトで迎え
たのだけど
先代パグ
女子
キャー――‼
やめて
放して――‼!
がぶー
ひゃ〜っ
1週間ずっと仲よしだったのに…
（おそらく独占欲の芽生え）
で
ワンコのいない
実家の子に
なったのでした
来ちゃったよ…
父
よろしく〜
どーん
ヴァッ

お茶目
手かげんして
あげてっ
もー君も
イヤって
いいなさいっ
どすっ
ぐぇっ
べし
べし
お茶目 かわいい♥
お…
おら
ぢょぢょぢょぢょぢょ
ほー
カッコイイ♥
もう歩きたくない
ダンシング
もっきゅ
もっきゅ
ふぉー
キレッキレ
やん!!
お茶目Love♥
もー君スゴイ!!

ふたりは両思いになった
お茶目～♥
もー君♥
そして現在
もー君～お茶目と遊びにきたよ～
ピクッ
お茶目!?
お茶目～♥
やっほ～♪
どどどどどど
ででででで

おやつ〜♥
どどどどどど
お茶目 お茶目〜♥
でででで
あれ？ あれ？
おやつ♥ おやつ♥
あっ♥
お茶目〜
どどどどど
でででで
くっ
おやつもらった
でででで
くりっ
お茶目会いたかった〜♥
ズチャ♪
ズチャ♪
YO★YO
ズチャ♪
立ってる
ヒヒーン
ふう…

ないわ〜…
このテンション…
がぶ♥
がぶ♥
がぶ♥
うれし噛み
めっちゃ引いてる…
もー君 ゴメンね お茶目最近 情熱的な 男子ニガテで…
あっ!!
ちょっとナニ言ってるか わかんな〜い♪
もっきゅ
もっきゅ
もっきゅ
お茶目〜♥
ゴッ
猫♥
実家の栗ちゃん
もー君熱は すっかり冷め 猫派に戻った お茶目でした…
猫〜♥
お茶目〜♥
もー君 気づいてない みたいだし…
まいっか

お茶目ー
ハイ おやつ♫
ガブッ
………
もう一個
ガブッ
カリ コリ カリ
………
じん じん
あのさあ お茶目…
その2. 全力で食いしんぼう
ガブッ
毎回いってるけど 指まで 食べないで…
スゴく痛いよ
ウチのパグ 食《く》いしんぼうすぎて どうしたらいいと 思いますか？

そろそろ
ゴハンの
時間か
がばっ
ゴハンに
する?
今 なんて…
ひゃああああ
あーあ〜あぁ
近い…
よし
ゴハン
食べよう
ひ……

バッ
ひゃあああああああ
どど
どどどど
コラっ うれしいからって 猫たち 追いかけないのっ
まったく
きゃふーん
ゔっ!!
どかっ
ちょっ
きゃふ〜ん
かわいい声で ど突《つ》かないでっ!!
きゅふーーん♥
どかっ
どかっ
「まて」!!

びしっ
じーん
じー
食いしんぼうだけど「まて」はできるのよエライなぁ…
ポンポン
!!
ああっ!! せっかくホメたことが台なしになってしまう!!
よ「よし」!!
ガッ
セーフ…
ハイ 水玉《みずたま》も ゴハン
ニャにコレ
いらニャい
いらニャい
ガッ
ガッ
ガッ
食べるケド
スッと食べようね、
毎回やるケド
うん

ガツガツガツガツ
お いい食べっぷりだね 水玉…
ガツガツ ガツガツ ガツガツ
——って お茶目か——い!!!
一瞬で 猫のぶんまで…
ゲフ~❤
洗ったかの ように ピカピカ
じーー
あ 多喜《たき》ちゃんは ちゅ~るね
ちゅる ちゅる ちゅる
ふぉーー…
美味~❤
い~な~
お茶目も ちょっと なめる?
ちゅ~

ガブッ
!!
ギリギリギリ
ギリギリ
歯でしごいてる
はっ
離れない!!
お茶目っ
それ全然
猫の食べ方じゃ
ないよ!!
いいの!?
ぐぐー
え!?
いいんだよ…っ
食べられたら
くっちゃ
くっちゃ
なんでもいいんだよ!!
ひ
開き直った…
あ
ゴミ
ぱくんっ
やっぱり
お茶目は
100%パグで
ある
ここだけの話

これを下ネタと いってしまったら それまでですが
ワタシ的には 至ってマジメな 話です
安全
ご了承ください。
突然ですが
ワタシは おケツが 大好きです
あの ぷりっとして
うへへ♡
むちっとした 感じがね
たまらんの です♡
その3. I am おケツ lover
ホンット たまらんの です
ムフ〜♡
パグの おケツは♡
今回は パグのおケツは 最高♡って 話である
むち
むち
ガンバって ついてきて ください。

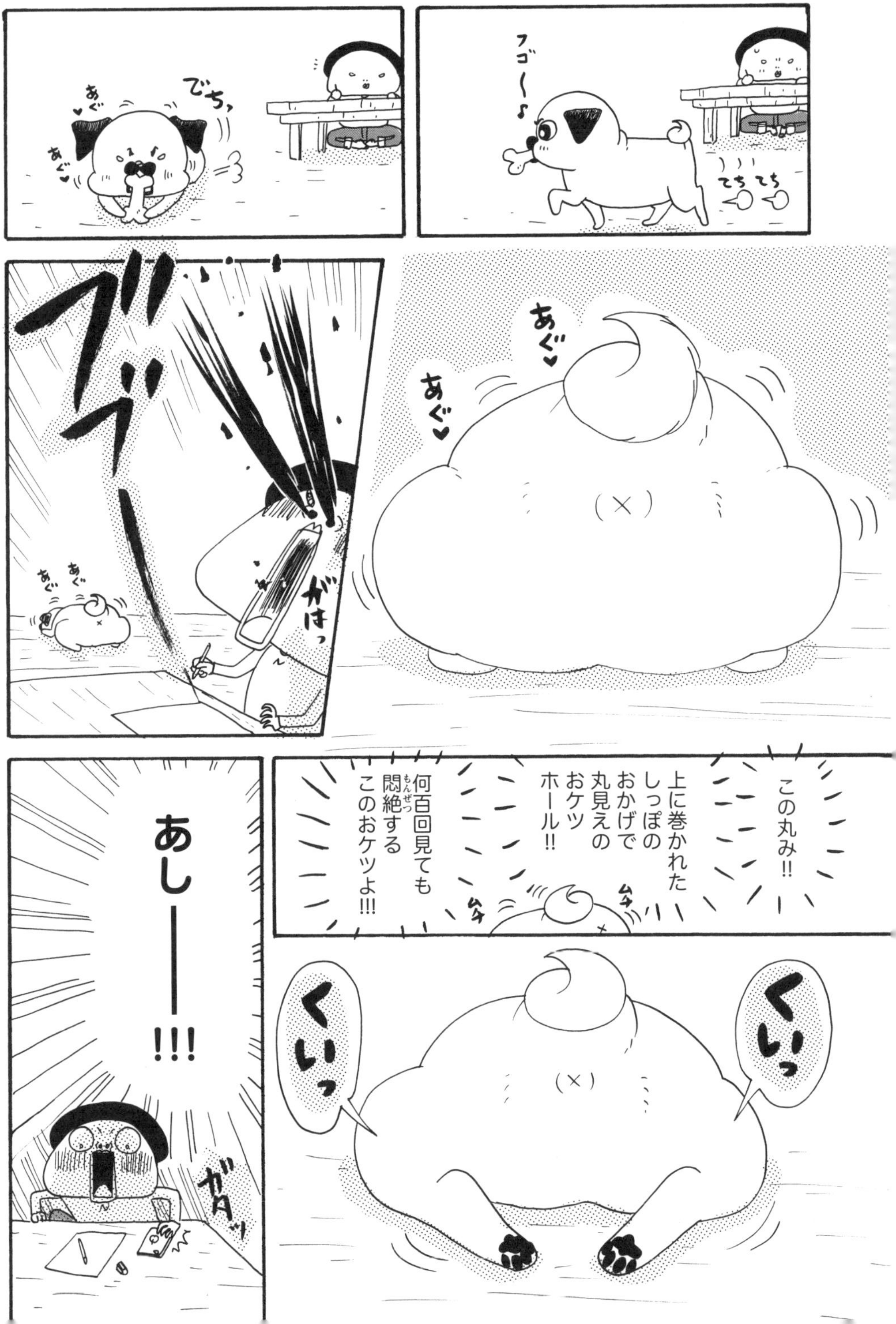
フゴ〜♪
てち てち
でちっ
あぐ♥
あぐ♥
あぐ♥
あぐ♥
ブヅー
がはっ
あぐ
あぐ
この丸み!!
上に巻かれたしっぽのおかげで丸見えのおケツホール!!
何百回見ても悶絶《もんぜつ》するこのおケツよ!!!
ムチ
ムチ
あしーーー!!!
ガタッ
くいっ
くいっ

ただでさえ
かわいいおケツから
精いっぱい出したけど
えっ短《みじか》っ!! って
あし♡
これは
もう…
文才なくて
ゴメンなさいねっ
だだだだだ
シャッターチャーンス!!
カショーン
カショーン
カショーン
ズザザザ
うふふ♥
かわいく
撮れた♥
!
ぷりっ
ぷりっ
おしり
あげる♥
多喜ちゃん
おしり近い近いっ!!
穴デカイ デカイ
すごい
アップで
見ちゃったよ
ぐい
ぐい
もっと
あげる〜♥
あ
ありがとー
もういいから…っ

多喜ちゃんは なんであんなに おしり見せたがるの かねェ
あら ザンネ〜ン
ふ〜〜っ
調べて みる
猫がおしりを見せたがる ニオイをかがせる理由
友情と信頼の証《あかし》
「熱烈ハグ」のような意味
多喜ちゃん もっとおしり ちょうだい!!!
断って ゴメンよ〜っ
くるっ
猫のおケツも 大好物で ある
ん?
ああっ ぷりケツ やってる!!
ぷりへ〜
別名 「シャチホコ」!! ゴキゲンで オモチャもしくは おやつをガジガジ してる時にしか 見られない スタイル!!
誰に説明 してるんだ ワタシ!!

いいね
いいね～
あぐ
あぐ
今日はまた一段とぷりってるね～♡
ぷりっぷり～っ
ぷり～
うしろ姿も最っ高♡
くん
くん
ぷり～
くん くん
スン スン
おおおっ!! これぞまさしく連結(尻)!!!
くん くん
スン スン
ぞろ
ぞろ
ぞろ

しっ 写真っ イヤ 動画!!! ケータイ どこ!?
あ――っ 解散しちゃったー――っ!!!
!!
おおお!?
猫だ
ねこ!?
おー
あらっ
4ケツ そろったー♡♡♡
そんなワケで
……
まっ白〜✧
おケツが かわいすぎて 仕事が進まない のでした

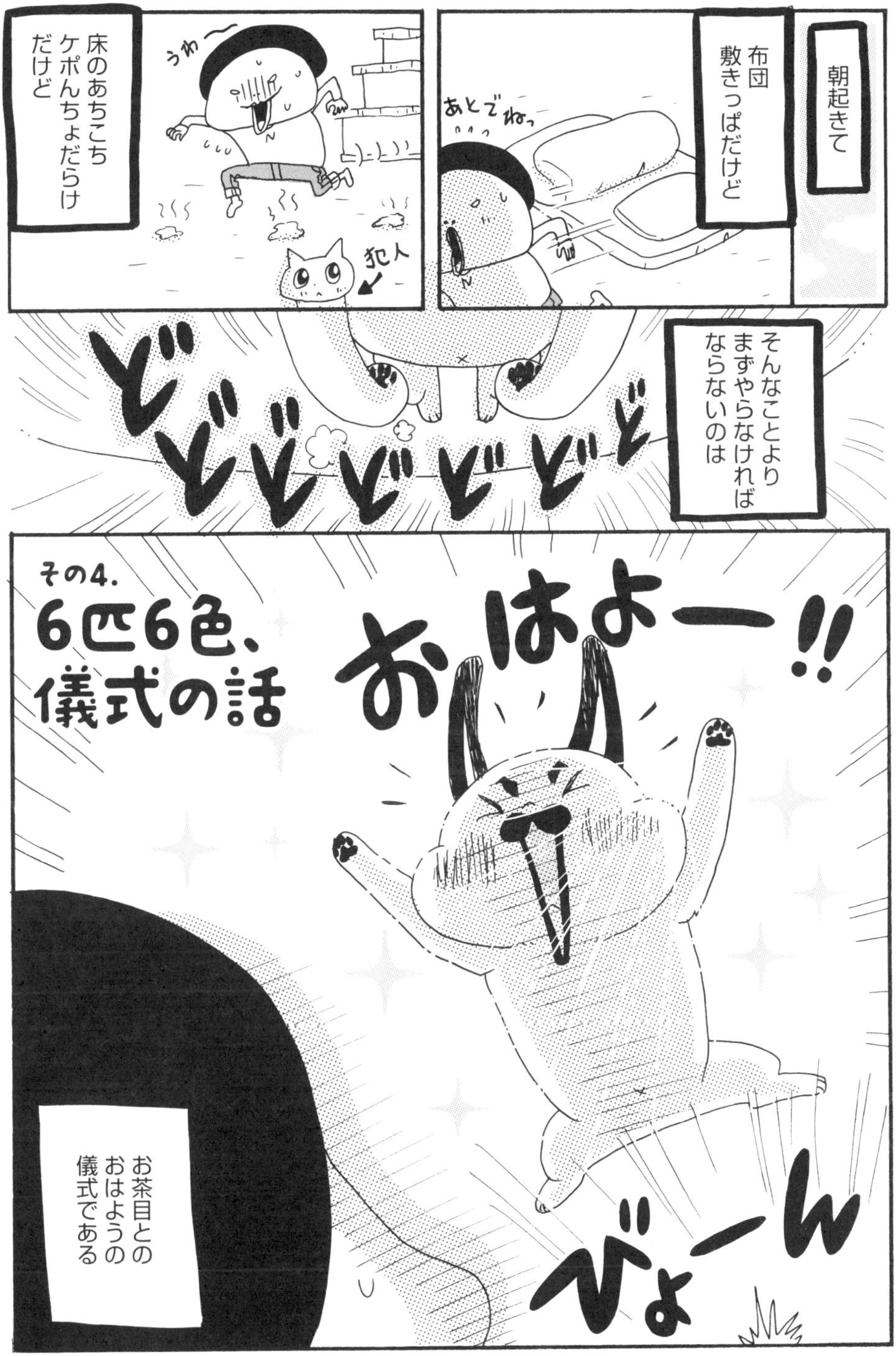
朝起きて
布団敷きっぱだけど
あとでねっ
うわ〜
床のあちこちケポんちょだらけだけど
犯人
そんなことよりまずやらなければならないのは
どどどどどどど
その4.
6匹6色、儀式の話
おはよー!!
お茶目とのおはようの儀式である
びょーん

ハイ
おはよーー
ガシッ
おはよっ
おはよっ
わしゃ
足ピーン
わしゃ
オッハヨ
ウホ
ウホ
オッハヨ
ぐる ぐる
きゃ
ぐる ぐる
引いてる
おはよーー♪
ぴょーん
ハイヨー
1コマ目に戻る
コレを10回くり返す
「おはよう」だけで約10分…
……ゴハンにするか…
ハァ
ハァ
ハァ
ガツ
ガツ
よし
そして
どーーん
ん？

ちらっ
ちらっ
確実に何かをまってる!!
なんだっけ……
……
ちらっ
はっ
サプリタイムか〜!!
なう〜〜♪
関節サポート
ぷしゅっ
お利口《りこう》に飲んでエラかったね〜べっぴん♡
天才べっぴん
かわいいいべっぴん
ムチムチべっぴん
まるいべっぴん
ゴロゴロゴロ
サプリ飲んだべっぴんをホメまくる儀式
最近はじまったの
ふ〜ヤレヤレ
ゴロゴロゴロ
じーー
!

お茶目
どうしたの？
じ〜〜っ
はっ
ん？
何なに？
わかんない
何？
あ〜ん もうっ!!
とととととと
ココ!!
バン
ん？
ん？
こっちに来て
くるくるくる
ああ!!
ボーン ね!!
SOー!!
——という
ワクワク感を
出すために
小芝居つきで
はじめる
おやつタイムの
儀式
ハイどーぞ♡

水玉
どこ～？
キョロ
キョロ
見つけても
捜しつづける
水玉とのかくれんぼ儀式
くす
くす
くす
バカめ
じーー
たこ～
多喜《たき》ちゃんが
見つめたら
ほほえみ返す
儀式
無視するとツメ攻撃
なの
ちゃんとして—
イテーー!!
ブスッ
ダイジェストで
お届け
布団を敷いたらはじまる
福《ふく》ちゃんとの鬼ごっこ儀式
布団は踏まない
ルール（ナゼか）
はっはっは、
まて—
ぶんちゃんが
こうしたら
ガシャ
ガシャ
フツーに
さいそく
しなさいっ
や～ん
怒りながら
ゴハンをあげる
儀式
め、
～～～って
なんでこんなに
儀式多いんじゃー!!!
仕事
いつするんじゃー
この場所では
イチャイチャする儀式

18:00
……
18時になったら遊ぶ儀式
コレで→
ポトッ
修羅場ちう
ゴメンゴメンっ楽しい儀式なんだけどねっ
修羅場中じゃなかったら全然ＯＫなんだけどねっ
しょぼん…
よよ、よーし遊ぶか!!
うきゃ♥
あはは━
儀式のシワよせ
……
朝か…
はほっ
チュン
チュン
ぐー
ヨボボ…
少し寝よう…
!
一緒に寝る
わく
オヤスミのあいさつ
寝る前のひと遊び
わく
窓開けて外チェック
寝る前のチヤホヤ
わく
わく
儀式が増えるのは飼い主のせいでもあるのである…
今から全部やるの…?

お茶目がつまらなくて
ぐいぐい
つまらんっ
ちょっ
← カーペット
飼い主は忙しくて
つまら〜〜ん!!
ガリ☆
ガリ
イタイイタイ
白川原稿
どうしようもない時の奥の手
ムーキョッ
宝探しゲームするか
その5. 必殺！ 宝探しゲーム
っしゃーーっ
うぉー♥
お茶目のテンションがめちゃめちゃ上がる遊びである

たっから探し～～～……
わく わく わく
ゴソ
ゴソ
ゲーーーム!!!
ふぉー!!
うきゃーーっ♥
ぴょん
ぴょん
ぴょん
ポイント①
特別な遊び感を出すためこちらのテンションも上げる
おほーーっ スゲー
このお宝を～……
うん うん
隠します!!
あ～ん イジワル～
わく わく
ポイント②
ただのドッグフードにものすごいお宝感をもたせる
わちゃーーーー!!
ヒュン
ヒュン
ヒュン
ヒュン
ポイント③
すぐ見つからないように素早く広範囲に隠す

ちょろいぜー
わはは
あった!!
ここだ!!
ばくっ
ビクッ
しかし相手は
パグなので
簡単に見つかって
しまう
わーちゃちゃちゃちゃー!!
ヒュン
ヒュン
なので
同じ場所に
再び隠し
そこにまた
あるわけない
という心理作戦に
出る
しばらく
探しつづけるが
いい
キョロ
キョロ
スタッ
さて、仕事しよう

全部
見つけました〜♫
ゲフッ♥
何ィ!?
はやっ
ないっ
ここもない!!
よだれ
今回もっとムズカシく隠したハズなのに…
ガクッ
お茶目アンタ…
ブフン♥
やっぱ天才だわっ!!
真顔
ん?
フフフフ
わーーっはっはっはっはっ
?

お茶目さ～ん
アンタとも
あろうお方が
お宝ひとつ
見逃してまっせ～
ケケケケケケ
なんとなく フンイキで察する。
(天キだから)
ホラ
そこそこ～
どこ どこ～？
棚の上の～
ムンクの叫びの
ノートの下～
ガンバレ天キ～
どこ～？？
キョロ キョロ
もっと
右～
どこ～？
涙目
そこ
ゴソリ

あったーー♥
パクッ
おーーっ 見つけた!! スゴイねー 天才!!
よーし
よし
よし
ぐーーーっ
この宝探しゲーム 結局こちらもガッツリ一緒に遊ぶので
ふう♥
まんぞく♥
……
ファイトよ~
白いまま
うきゅきゅきゅっ
仕事は進まないのであった

犬・猫飼いの人なら
一度は想像したことが
あるのではないでしょうか

ウチの子が
もし

その6.「もしも」の話をしてみようか
人間だったら
……と

ピピピピピ…
アラーム
6:00
びたん
おっはよーーー
起きて
起きて
朝だよ
朝朝ーーー!!
ゆさ
ゆさ
ありがとう
福ちゃん
起きたよ…
くかー…
おはよー
うおーーっ
ございまーす!!!

おはよう
お茶目
今日も元気だね
あのねー
今日は
おっちゃん
おさんぽいったら
おやつ食べるんだーー!!
ぴょん
ぴょん
おはよう
ございます〜
今ゴハン
あたため
ますね〜
そんで
おやつで
あんこ
でー
いつも
ありがとう
多喜ちゃん…♡
それから
おひる
たべてー
でもあの…
毎回いってるケド
ワタシ朝は
パンのほうが…
作ってもらって
なんだけど
あっ
そうそう
塩辛《しおから》も
あるんだったわ♡
ねーー
聞いてるー!?
おっちゃんはー
夕方のさんぽ
いったらおやつをー
どどどどどどどど
びょん
びょん
ゴロン
ゴロン
ゴロン
どてっ

いてて〜〜〜
また転んじゃった☆
学校
チコクしちゃう〜
べっぴん クツが
左右違うよっ
とん
とん
とん
しかも
今日は
日ようび
あっちゃー
またやっちったー
それにね
アンタ
学校なんて
いってないでしょ
あれーそーだっけー
でへへー
…そして
ぶんちゃん…
あとねー
おっちゃんね
キミはナゼ
失禁して
いるのかな?
だだだ
だって今
「ゴロゴロどすん」!! って
スゴイ音がしたんだもの…
オレびっくりして…

わっ★
ビク
びゃ
きゃーー!!!
コラお茶目っ やめなさいっ
あははビリリぶ〜ん♡
下々《しもじも》の者たちよ
カッ
おはよう
おはようっ…!!!
だんっ
ハイ!! おはようございます!!!
そぉ〜
へへへへ
!!

お茶目 やめなさーーーい!!
バッ
ガチッ
ああっ お茶目ーーー!!!
水玉 なんてことを!!
ホーッホホホホ
ご飯 冷めちゃうわよ〜
朝だけで この騒ぎである
やっぱり キミたちは 今のままが 一番だね
妄想しただけで 疲れたわ

実家で母がイチゴを育てているのだが
肥料あげて～
大きくな～れ～
お茶目にはナイショだからねっ
ここにあることは
了解っ
サッ
サッ
んワ？
お茶目はイチゴ大好きなイチゴハンターなのである
その7.
イチゴハンターお茶目

トーさん
カーさん
まってる
よー
オハヨー
たたたー
朝のさんぽで
実家に寄るのが日課
フゴ
フゴ
……
イチゴ
ホ
ホラっ
トーさん
カーさんだよっ
まだ青い
イチゴなのに
すでに気配を
感じるなんて…
おそろしい
子!!

数日後
おーーっ赤くなってきたねっ
しかも大きいっ
でしょっ♡ 2~3日で食べ頃かなっ
このイチゴ
しっ!!
イチ…!?
お茶目は「イチゴ」って言葉も理解してるから気をつけてよっ
そ そうなんだっ
次の日
イチ…
いち?

フゴ
フゴ
フゴ
フゴ
このニオイは!!
フゴ
フゴ
フゴ
フゴ
マズイ!!
ボーロ!!
イチ……
バッ
そう!!
ボーロ!!

フゴフゴフゴ?
ボーロ!!
また次の日
フゴフゴ!?
次の日
ボーロ!!
こうしてなんとか切りぬけ
とうとう!!
おーっまっ赤《か》!!
食べ頃だよ♡
お茶目がくる前に食べちゃえばよかったのにー
違うの これは
ブ?
お茶目にプレゼントしたくて育ててたの
お茶目が見つけて収穫して食べてほしかったの
?
カーさん…
お茶目っよかったね!!
カーさんからのプレゼントだよっ
イチゴ!!
ムキョッ

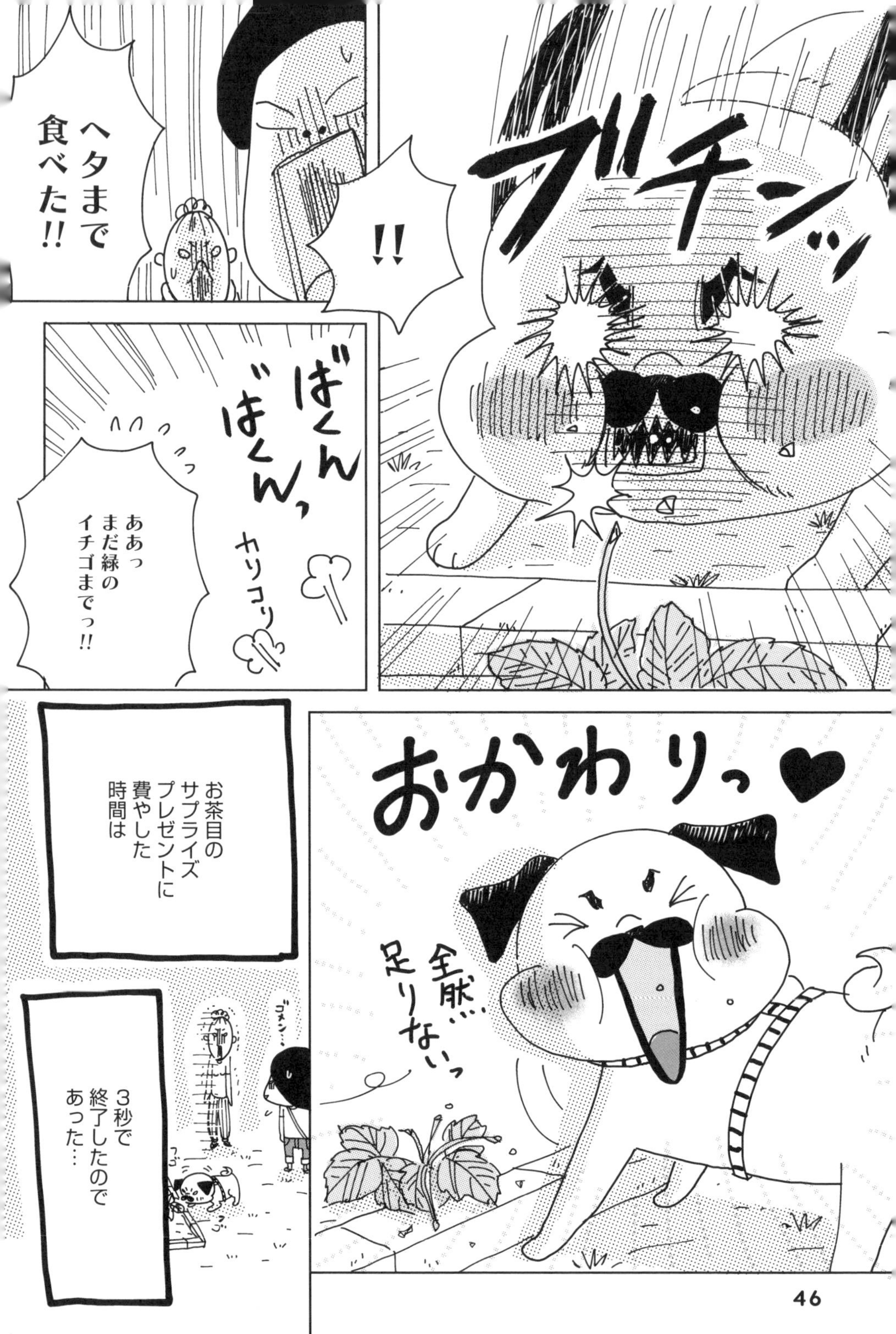

ブチンッ
!!
ヘタまで食べた!!
ばくんばくんっ
カリコリ
ああっ
まだ緑の
イチゴまでっ!!
おかわりっ♥
全然足りないっ
お茶目の
サプライズ
プレゼントに
費やした
時間は
ゴメン…
3秒で
終了したので
あった…

買い物から帰って
ちょっと荷物を
置いておいたら
ただいま〜ん♥
ガッ
ガッ
その8. お茶目の食欲問題
ガッ
ガッ
ガッ
ガッ
ウチのパグが
買ってきた
キャベツに
かじりついていたん
ですよ…

犬って
こんなにキャベツが大好きなものなんでしょうか…
丸かじりするほど
ガツ
ガツ
ガツ
それともお茶目だからでしょうか
バリ
バリ
あ ニンジンも食べてるスゴイな
ははは…
ボリ
ボリ
ボリ
ボリ
ボリ
ボリ
ボリ
ボリ
〰〰って食べすぎなんじゃーー!!
まったく〜
おやつタイム
もぐ
ポロ!!
パン
もぐ
ぱくっ

…何かわかって
食べた？
おいしかった♡
イヤ
感想じゃなくて…
毒だったら
どうするん
だよ…
ぱくっ
!!
今何
食べた!?
にゃむ
にゃむ
ん？
にゃむ
にゃむ
クチの中
見せなさいっ!!
ぐぐぐぐ
ごくんっ

飲んだ!!
なんだったの!? ちゃんと食べ物だった!?
マジかっ
しらなーい♪
ちょっ……
でででで
………
あ ゴミ
ぱくっ
NOー!!
コレハ食べ物ジャナーイ!!
思わず英語口調
バッ
ちっ
みなさん
パグって

パグって
こんなに
なんでも食べる
生き物なんでし
たっけ!?
ん!?
食べ物!?
もしお茶目が
5歳くらいの
人間で
好きな
食べ物は
なんですか?
――って質問
されたら
イチゴ
でしょー
キュウリ
キャベツ
ゴハン
ささみ
ニンジン
桃
みかん
梨とメロン
ちゅ～る
モンプチ
あとボーロ
ラムボーン
ニボシと
パンとヨーグルトと
ヤクルトにミルミル…
もぐもぐ
あコレ
食べ物じゃ
ないよ～
マイクね
大好きな物が
ありすぎて
止まらない
でしょう
人間じゃなくて
よかった…
ケコ
ケコ
ケコ
ケポー
!!

あーーん
ホント なんでも 大好きで 困った お茶目で ある
あっぶね
ケチっ
しゃくっ
ところが そんな お茶目
あっ また 盗み食い!!
ぺっ
まさかの レタスが 嫌いという ことが判明 したのであった
なんだ そりゃ

ひぐち家のニャンコチームは次つぎと仲間が増えていったので
末っ子?
ナニそれ美味しいの?
末っ子を堪能するヒマもなかったが
お茶目が仲間入りしてから
その後誰も増えておらず
新メンバー
その9. 末っ子脱出の時がきた!?
つまり
つまんな〜い
誰かあそべー!!
すでに4年間末っ子やってるお茶目である
……

どすこーーい!!
うるさすぎっ
に゛ゃに゛ゃに゛ゃっ
ぺん
ぺん
じーー
なんの遊び?
あは~ん♥
めっちゃ末っ子
満喫してる…
こりゃあもう
新しい子
増やせないな…
ところが
増やさないけど!!
なに
言ってんだ
オレ!!
ブン
ブン

ぴゃー
ぴゃー
ぴゃー
いろいろあって
保護した子猫
8匹の譲渡会を
ひぐち家でやることに
はは…
カワイイけど
ぴゃー
ぴゃー
4年ぶりの
ニューフェースに
ゆかいな仲間たちの
反応は!!?
どんっ

だッ
こんなにいっぱい信じらんニャー!!!
3ニャー逃亡
多喜ちゃん!!
6匹の子供を育てあげた肝っ玉母《かぁ》ちゃんの血が騒ぐ!?
ふーん
それだけかーーーい!!!
こんな冷めた目の多喜ちゃん初めて見たわ
!
フン
フン

福を中に入れて!!
乳をあげなきゃ!!!!
福ちゃんが母性出まくりか!!
もう離乳してるから大丈夫だよっ
しかも乳出ないでしょっ
……
はっ
お茶目
4年間末っ子満喫してきたお茶目はこの幼き子猫たちをどう受け止める!?
ピャー
ピャー
てちてちてち
ち…
超カワイイ
え!?
ピャー
ピャ

めっちゃカワイイ〜
威嚇されてるケド
カッ
カッ
まさかの超お気に入り!!!
一匹 もらわれ
2匹 もらわれ
また 2匹 もらわれ〜
お茶目…いつのまにかお姉《ねえ》さんになって…
残り3匹
じーん
カッ
カッ
カワイ〜
よ、
よーし!!もし残った子がいたらウチの子にしちゃおうかねっ!!!
はぁあっ
でも結局子猫は全員奇跡的に里親さんが決まったのでした
思わずふえるとこだった…
あぶなっ
しょぼん…
めでたし めでたし

〆切《しめき》り間際で
ワタシがほぼ死んでいる時
カキ カキ
ダメだ コリャ
ヤベー
ヤベー
あはは
その10. 〆切り前のお決まりタイム
バリョ バリョ
なに する〜?
うるさいっ
ゆかいな仲間たちのそれぞれタイムがはじまるのである

ふへへ
よいではないか♡
やめてくださいっ
なに？キャラ変!?
こう見える
ちょっやめっ
よいではないか〜
じわ
じわ
ふおっ
ふおっ
ふおっ
ふへへ〜
だから……
イラッ
やめろエロジジイ!!
かぷ
やーん
ジジイってヒドイわ〜〜

ぶんちゃんが
最近ブームの
キモチ悪い
追いかけっこ
よいではないか～
へっへっへっ
んだコラ
歯形
でも……
たのしかったわ～♡
イミわからん
……
モヤ
モヤ
このモヤモヤを……
アハハ～ン♫
……
ダッ
うおーーっ

どどどどどど
まてーー!!
だん
夕喜に追いつこうなんざ
100万年はやいわ!!
ま゛ま゛まま゛まー!!!
キィ〜〜〜っ
くやしくてくやしくて…
おケツアターック★
おケツアターック☆
アターック☆
どーん
どーん
ハイハイ
この遊び福ちゃん飽きてる!!

つまらん!!
つまらん
つまらん
でち
でち
追いかけっこ…
シャ
やったら殺《や》る
お茶目やめなさい!!
本当に殺《や》られるから!!

ふ〜っ
やめとこ
なう〜
近い…
うん うん
なんの遊び?
それぞれ遊びが特殊すぎて目が離せない〆切り前である
うん うん うん
な、なう〜?

3年くらい前から実家に住みついた野良《のら》猫
背中に大きなハート模様がありました
ハートだな
ハートね
うん
ハートだ
父
母
その11.
キミの名は「ハート」
命名「ハート」
うむ
ひぐち家ではこの子を「ハート」と呼んでいました
猫は見たままの名前にする派

朝さんぽは
実家コース
ハート おはよー
ひ〜〜〜♡
たたたた〜
↑
ハスキー
＆
スモールボイス
なつこいな〜 ハートは
ひ
スリ〜
人なれしてる
どんっ
びくっ
あそぼ♡
猫同士
え〜〜？
猫？
あそぼ〜〜♡♡
え〜〜っ
ハート ごめんよ〜
どどどどど

ね〜
走ったわ〜
犬のこと平気
なかよし?
ガサッ
ヒュン
でも
野良猫
コワイ
?
消えた…
オス猫
のっし
のっし
でも
ぬっ
この
野良猫
ミーのことは
好き
三毛猫
だから
「ミー」
あ、
ミ〜♥
だけど

ミーはケンカ大好き
シャー
うぐら゛あ゛あ゛あ゛
そんなミーは苦手
夏
毎年夏は耳と鼻が血だらけになるねー
今度お茶目が病院いくからついでに聞いてみるよ
動物病院
野良猫か～…
たぶん蚊《か》に刺されてのアレルギーかなー
耳そうじ
対策としては…
あるんですか!?
家に入れること
確かに!!

——ということだそうです
え〜〜〜 ウチもう これ以上 増やさないよー
カシャーン
ハートだって家に入るのイヤがるかもしれないし…
カシャーーン
ひー…♡
カシャーーン
網戸
ひー…
「入れて」って…
言ってるねー
——というワケで

あそぼ♫
ごめ〜ん
ハート 行くところ あるの〜
もこ
もこ
家猫の条件
すべて満たした
ハートは
実家猫〜ズ
今では
コタツの主《ぬし》
なのでした
めでたし
メデタシ♡

「どれが誰のう●こかわかるんですか?」
——と聞かれることがあるので
今回はそこんとこくわしく描きたいと思います
お食事中の方はそっとページを飛ばしてね♥
その12. 個性豊かなう●このお話
システムトイレ(下に落ちるタイプ)
砂で固めてとるタイプ
土間に3っ 2階に1っ
シートタイプ
ひぐち家のトイレは全部で4つである

1番～
サビ柄～
べっぴん～
高校野球アナウンス風に
システムトイレ派
べっぴんだけ
真顔
そして
ムニッ
……
！
落とし物付きの
なんて書いてあるの!?
ズリズリズリ
芸術系う●こ
2番～
白黒柄～
水玉～
猫砂トイレ派
……
奥でコッソリタイプ
&

念入りな砂かけ
かし
ハムスターのう○ちサイズ
しかも全っ然かかってない!!!
まる見えっ
3番〜オッドアイ〜親分《おやぶん》〜
目の色が左右ちがうの
ボッドン
びくっ
ボドン
ボドッ
ボッドン
かわいいカオ
盛大にしてますアピールタイプ
わかったわかったわかった
そこそこ大きいのするから…
カレー

4番～
ハチワレ～
多喜ちゃ～ん
おう…
だがだがだが
まぁー
お手本のような
う●こハイ
※
※猫はうOこのあと ハイになる子がいる
からの
ごっ
キャー
ケポポー
マーライオン
ナゼか
高い所から
わざわざするよねー
そんな
お祭り騒ぎで
産み落とした
多喜ちゃんの
う●こというのが…
!!
デカ!!
じっ
人糞《じんぷん》!?
ベンピ
だったから～♥
5番～
まっ白ポッチャリ～
福ちゃ～ん

たんっ
くいっ
ポー
裕次郎《ゆうじろう》スタイル!?
知らない人はググって!!
ざっく
ざっく
キャーー
カッコイイ!!
ワイルドー♡♡
う●こ刺さってるー!!
砂出し
ーーって
コラ!!
ふぅ
6番〜
パグ〜
お茶目〜
そわっ
そわ
たたたたたた
自称猫のお茶目はどのトイレでするかというと…

じんっ
じんっ
じんっ
もちろん犬用トイレ!!
本人にはナイショ
さーて 今日のう●こ文字は何かな～♪
わく わく
え!?
ワタシあてのラブレター!?
←母←ハハ
お茶目～～
ありがと～～～♡♡
そんなワケでひぐち家のトイレ事情はそれぞれ楽しくて仕方ないのである

その13. 空気を読んで、いたわって

ああノドが
イタイ
つらい…
ぬっ
ガブ
イタイイタイイイタイ
鼻
イタイ!!
アゴ
イタイ!!
なんでかむの!?
福ちゃん!!
がぶがぶー
がぶー
よしっ
なんだったの…
ブフ!!
どすっ
つまんなーーい!!

福ちゃんが遊ぼうっていってたよ
(言ってないけど)
うおぉぉ
どでででで
ふう…
まぁ
多喜ちゃ…心配してくれてるの？
すっ
ザク
ぽう!!
多喜ちゃん…なんで優しい顔でツメ出すの？
ヒドイや…
うふふ
ああ…全然休まらない…むしろ体が重い…
ふぅ…
何この重さ…

いつの間に!!
ゴロゴロゴロ
ずし
ゴメン べっぴん… 今日はそういう気分じゃないんだよ…
ゴロゴロゴロ
あっ
ぎゅう
ズルイ
えっ なんでそうなるの!?
ちょっ
ぎゅ〜う
おっ
♪
ゴロゴロゴロ

解散!!
ハァ…
ゴトッ
あっぶなっ
ぶんちゃん!? 今ワタシ頭割れるところだったよ!?
つまらなくなると高い所の物を落とすのやめて!!
ペイッ
多喜ちゃんもいいかげんにしなさいよ…
あらやだー

みんな飼い主が弱ってる時は空気読んで!!!
いたわって!!!
あれ!?声が変になっちゃった!!
うわ〜 なに この声〜
こわっ
…
……
…ま、いっか これで休める
おはよう!下《しも》下《じも》の者たちよ
この家は健康じゃなきゃいられないということが判明しました
さぁニャにする?

この家はお茶目の天下である
どけどけー
冬太り
でち でち でち
みんなお茶目のいいなり
どすこーい
も〜
お茶目に勝てる者はいない
まて〜
ちっ
ガキめ
そう思っていた…

その14. はじめまして、「ななちゅ」です

この日までは
こんちはー

ちーす
お嫁ちゃん
弟
お客さん大好き♡
いらっしゃーい♡
どんっ
はじめましてー「ななちゅ」でーす
はっ はっ はっ
あ.
あーー…
ハイ ハイ ハイ
すすす…

ゴメン
犬見知りなんだよね
猫ならな——
え〜〜〜
ななちゅはまだお子ちゃまだぞ〜♡
こわくないぞ〜
イヤ、そういう問題では・・・
お茶目ちゃんおいで♡
あ〜ん
人はスキなの〜♡
!
しゅたーん

ぴこ ぴこ
ぷり ぷり
あそぼ♫
はは…
お茶目 ホラっ ななちゅが遊んでほしいって!!
ぎゅう
ぎゅう
ムリムリ
犬の愛想笑い初めて見たわっ
あそぼっ
あんっ
あんっ
あそぼっ
だから ホント ムリ……
おいおい いつもの元気は どうしたっ
影うすっっ

あそぼ〜♪
ペロペロ
ペロ
ハイハイハイ
かわいいねェ
ななちゅ〜♡
おっと
お茶目が
ヤキモチ
やいちゃうかな？
ほぉー…っ
めっちゃ助かった
って顔してる!!
ターゲットが
ワタシになって
よ
よしっ
ふたりに
おやつ入りの
オモチャあげるから
遊びなさいっ
どっちも たのしそ〜♡
がしっ

えいっ
えいっ
ムズカシー
ちがーう!!
もっと頭を使って考えるのだ!!
このド素人がーっ
ギリギリ
ギリ
←言えない
あれー?
?
?
お茶目の天下は意外とモロかったのであった
ぐぬぬ…
次回、猫vsななちゃ
つづく!!

前回までのあらすじ
ちーす
…ってほどの内容ではないが
はっはっはっ
ひぐち家に遊びにきた弟夫婦と愛犬「ななちゅ」
生後5ヶ月
はじめて自分よりお子ちゃまワンコと対面したお茶目は…
こんにちはー
とてもおとなしく
…
借りてきた猫状態であった
その15. 猫VS.ななちゅ
そんな中ニャンコチームの反応はというと…

こんにちはー!!
ななちゅでーす!!
アラ そう〜〜〜
あはは
あはは
どんっ
ヒャッホー

あはは〜
なんでもたのしー♪
「はじめまして」なんだからもっとリアクションして!!
ふえすぎてマヒしてる!?
!!
べっぴん見てたの?
ななちゅだよっ
かわいいね〜♡
どいんっ
ちょっとみんな興味なさすぎじゃない!?

なんだどーした誰だ黒いの!!
おう おう
福ちゃんっ ホラっ 大好きな チビっ子だよっ
またあたらいヒト キター!!
かかって来いやー!!
オラ オラー
※ポーズはイメージです。
ぱひんっ
ナニ 今のー!!
??
あはは―
オラもっと来いやー!!
そういうリアクションじゃなくてっ

はっ
そうだ お茶目っ
今のうちに さっきななちゅに とられたホネホネ 確保したら？
オヤツが入った オモチャ
あー たのしかった♪
キョロ
キョロ
キョロ
あった♡
コレ やろう♪
さ〜て 次は〜
ななちゅっ それ お茶目ちゃんのだから 返しなさいっ
やだっ
子供って ホラ 無邪気 だからっっ
ね お茶目っ
マユ毛どこいった？

わかった
ななちゅにも
同じの買って
あげるからっ
よーし
今から
買いにいこうっ
ぶっちん
ぶっちん
おじゃま
しましたー
あ〜ん
あと本名は
ななちゅじゃなくて
「ななっ」だから〜
ねー ななちゅ〜♥
バタン
いや〜
元気だったね
生後5カ月は
形
変わってる…
大丈夫
戻るよっ
お茶目も
お姉さんに
なったねぇ
もこ
もこ
もこ
おはよう
ニャんか
うるさかった
わよ
猫のリアクションも
いろいろである

おはよー
オハヨー!!
はい
ゴハン
ガツ
ガツ
ピロン
パンおいしい♥
母
お茶目
お誕生日
おめでとう
その16. お茶目のBirthday
?
忘れてた…
今日はお茶目の
誕生日である

お茶目～
ととととと
誕生日おめでとーー!!
むぎゅっ
「ホネホネ」しよっか!!
ホネホネ
オモチャ
誕生日だからっ
ホネホネ♡
ぱあああっ
よいしょ――っ!!!ホネホネにおやつ入れておいたよっ
誕生日だからっ♡
うれし～～♡

とれた!!
カリ
カリ
さすがっ!!
誕生日のお茶目はひと味違うねェ!!
フゥー
ギク
もしや いつものおやつタイムに「誕生日」というワードをつけてお祝い終了する気?
妹
お茶目ー誕生日おめでとう♡
お祝いのイチゴだよっ!!
いちご!?
しかも産直朝採りの大きいやつ♡
さんちょく… あさどり……
きゃろーん♡
祝うってこういうこと
くっ

お茶目に一番大きいのまるごと1個あげるねっ♡
ちょっと落ちついて……っ
歩いてる
まってわかった!!
生命線短い…
ちゃんとケーキ作ってお祝いするから
そのイチゴちょっとまって…
ハイ完成!!
フ〜
食パン丸くくり抜いただけじゃん!!
………

大好物が ふたつも!!
ぷる
ぷる
ぷる
夢？
まんまと大喜び!!
改めて お茶目 お誕生日 おめでとうっ
召しあがれ♡
え、ウソでしょ!? いいの? ぜんぶ!??
これからも ずっと元気で 一緒にいてね
いいよ
本当に
でゅ…♥

朝から晩まで
元気で
ガツ
食いしんぼうで
ガツ
猫みたいな
パグだけど
ガツ
ガツ
HAPPY BIRTHDAY
お茶目
これからも
そんなお茶目のまま
ずっと一緒に
いてくださいよ
ゲフン♥
最終回みたいに
なっちゃったケド
つづく

ケハ
ケハ
ぶんちゃん なんか具合悪い？
病院いくか
動物病院
うーん なんだろなー
熱も クシャミも 鼻水もなし 血液検査 異常なし 食欲あり…
やーん
猫風邪なら ほかの猫と隔離しなきゃだけど
猫風邪？
その17. 水玉の伝説
犬猫 フィラリア
あっというまに感染するんで
うわーーっ そりゃコワイですねー
それは突然はじまったのである

プシュン
プシュン
やだ
ぶんちゃん
クシャミ
鼻水!?
あ゛ー…
それって…
プシュン
プシュン
やまびこ?
猫風邪
じゃね!?
あ゛ー…
づー…
動物病院
あー
多喜は熱も
あるなー
ピ
ピ
ピ
ぎぁあーー!!
せっ
先生っ
あと2ニャン
いるんですけど
隔離したほうが
いいですかねっ

すでにウイルスが蔓延《まんえん》してるから今さらかなー
あでも犬や人には感染しないので
はは…
ぷしゅんっ
あー…
ズビ
ひぐち家で猫風邪クラスター発生…
ぷしゅんっ
ぷしっ
ズビ
ズビ
?
うわわわわー…
水玉も時間の問題か…

もっしゃ
もっしゃ
もっしゃ
…なんか いつもより 食べっぷり いいね 水玉…
ニャハ～ン
ぐり
ぐり
な なんかいつもより 愛想いいね…
すり
すり
にゃふ～～ん♥♥
へ…
ぶしゃっ
これは さすがに ダメでしょ!!
あ～もう ダメだっ 水玉も風邪っぴきだー!!
……

次の日
さて今日の病院いきは午前に福ちゃん多喜ちゃんで
午後にべっぴんかな
点滴とネブライザー
ぎー
ブシュッ
ズビ
ぶんちゃんは食欲あるから様子見ね
どっ
どっ
ズビ
いってらっしゃ〜い
ほほほほほ
どっ
どっ
どっ
どっ
水玉はナゾなほど元気
ラララ〜♪
この中で感染しないのおかしいでしょってくらい元気
ぶしゅっ
大丈夫?
あら
ぷしゅんっ
おいし♥
ぶしっ
大丈夫〜?
まぁ
スヤ
ズビ
ズビ
大丈夫?
そしてとうとう…

水玉感染せず
ホホホホホ
全員完治!!
ぎー
ゴロゴロゴロ
伝説を作った水玉でした
オーホホホホ
一方
猫風邪とは無縁だったお茶目は（だってパグだから）
むーーーっ
病みあがりだからヤメテーー!!
オラー
つまらなかたぢゃーん!!
大暴れである
ちょっ

トレードマークの
ゴルゴ13《サーティーン》眉が
最近
目立たなくなり
その18. 男らしさ、増量中!
女の子らしくなった
お茶目である
あら♥

最近
さらにかわいく
なったと思ったら
眉毛かー!!
本人いるのに
写真見て
ニヤニヤする
飼い主
ねェ
お茶目
きゃぷ
きゃぷ
きゃぷ
水のんでる
くりっ
だば
だばぁー
ボタ
ボタ
ボタ
でででででで
壁
ゴンッ
ガッ!!

ぼた
ぼた
ぼた
ぼた
ゲフー
たった10秒前に女の子らしくなったって話してたのなんだったの!?
まあ いいや…
そろそろ散歩いくよ
ムキョッ
きょおおー!!
（訳「さんぽー♡」
ダッ

どんっ
ばんっ
三角飛び!!
!!
だんっ
ぴゃあああっ
(訳)いくでー!!
ア゛あ゛ぐっあ゛あ゛ー!!
どすっ
(訳)お茶目さんぽいくでー!!!
やめてっ 福ちゃん 壊れちゃう!!
おケツアタックがパワーアップしてるっ
どすーん
どすーん

福ちゃん ゴメンねっ
うぉー
ゆっくり休んで!!
ったく
お茶目 今日は こっち いくよ
くいっ
グッ
断る!!
…なんか 眉毛なくなった かわりに 男らしさ アップしてない?
くる くる くる
!!

ぢょー
お茶目っ
それは「らしさ」通りこして
「男」じゃん!!?
足上げションて!!
結局
眉毛あっても
なくても
男らしさ
増量中の
お茶目でした
ケリ
ケリ
ケリ
どこで覚えたの…
ドヤ顔
ふう
あ
かわいいい♡

朝の5時から
猛ダッシュで
散歩してる人なんて
いるんだろうか…
はっ
はっ
はっ
チュン
チュン
その19. 毎日猛ダ〜ッシュ
いたよ
自分だよっ
はっ
はっ
ハヒ
ハヒ
ハヒ
イヤだ
どどどどどどど

GOAL
実家まで ひたすら 走るのが 朝の散歩である
やめてほしい……
おはよーー ゴメンね 朝はやくから
ゼー ゼー
フラ フラ
おはよーー!!
おはよー 全然 大丈夫～
ゲフン
もう 朝ゴハン 食べ終わったの!?
まだ6時前だよ
ズボッ
ズリボッ
ここか!!
恒例の ボーロ探し はじまってるよ
まだ仕込んで ないんだけど…

ボーロ探しとは
ボーロをクッションの下などに隠し
こっそり
お茶目が見つけて食べる…という遊びなのだが
キョロ
キョロ
しゅっ
ここと
ばくっ
しゅばっ
ばくんっ
ここに…
手のうちがバレてて隠す前に食べられてるじゃん!!
ぶほほ
ここ…
ばっ
あーん
「ハイ、次」…というカオ
次？
えっ なんだっけ!?
うふふ
あはは
こっちよー♡
くる
くる
くる

だん
つつつ
甘いボーロのあとはさっぱりキャベツタイムね!!
野菜室
冷蔵庫
ちがうそれじゃないっ
あ、レタスか
キャベツキャベツ〜
バリ
ボリ
バリ
うまっ
くりっ
次!!
トーさん
ぎゅっ♥
オハヨー♥
お、
おーーっ
今ごろか
ボーロとキャベツの次にでしょーー
スキ
スキ
スキ

ねこっ♥
ねこ Neco ねこー♥
うおー!っ
どどどどど
ブドッ
どーどどどど
ガハ
ガハ

んじゃ帰ろ
疲れたから寝る
すやぁ…
ハーネス
あっそ んじゃ バイバーイ
イヤ
んじゃ帰ろっ
置いていかないで〜〜!!
あっそ んじゃ バイバイっ
イヤ
んじゃ帰ろっ
置いていかないで〜
イヤ
コレを2〜3回くり返し
朝ゴハーーーン♥
どどどどどどど
また猛ダッシュで家に帰るのであった
これをほぼ毎日である。

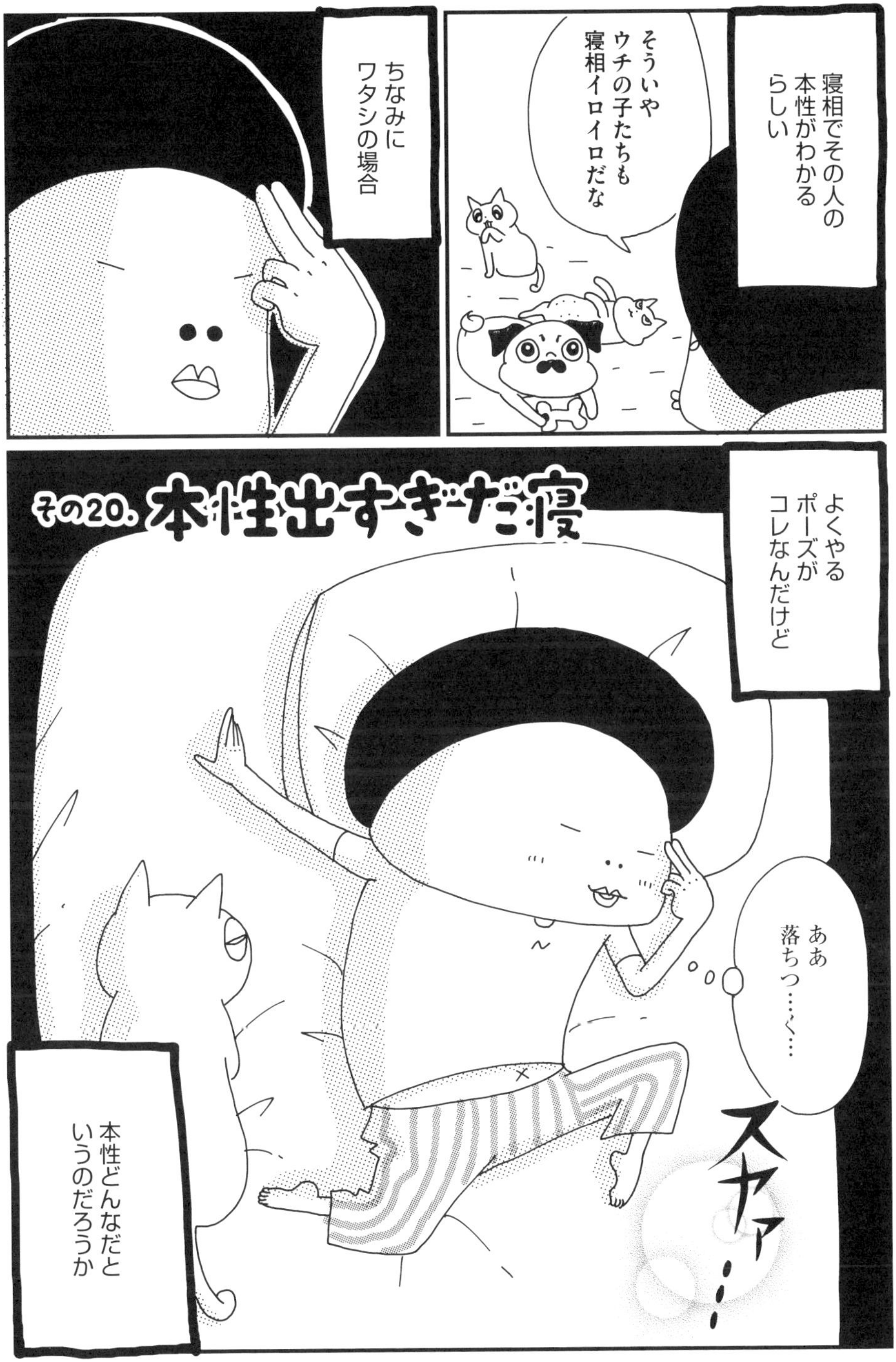
寝相でその人の本性がわかるらしい
そういや ウチの子たちも 寝相イロイロだな
ちなみに ワタシの場合
その20. 本性出すぎだ寝
よくやるポーズがコレなんだけど
ああ 落ちつ……く…
スヤァ…
本性どんなだというのだろうか

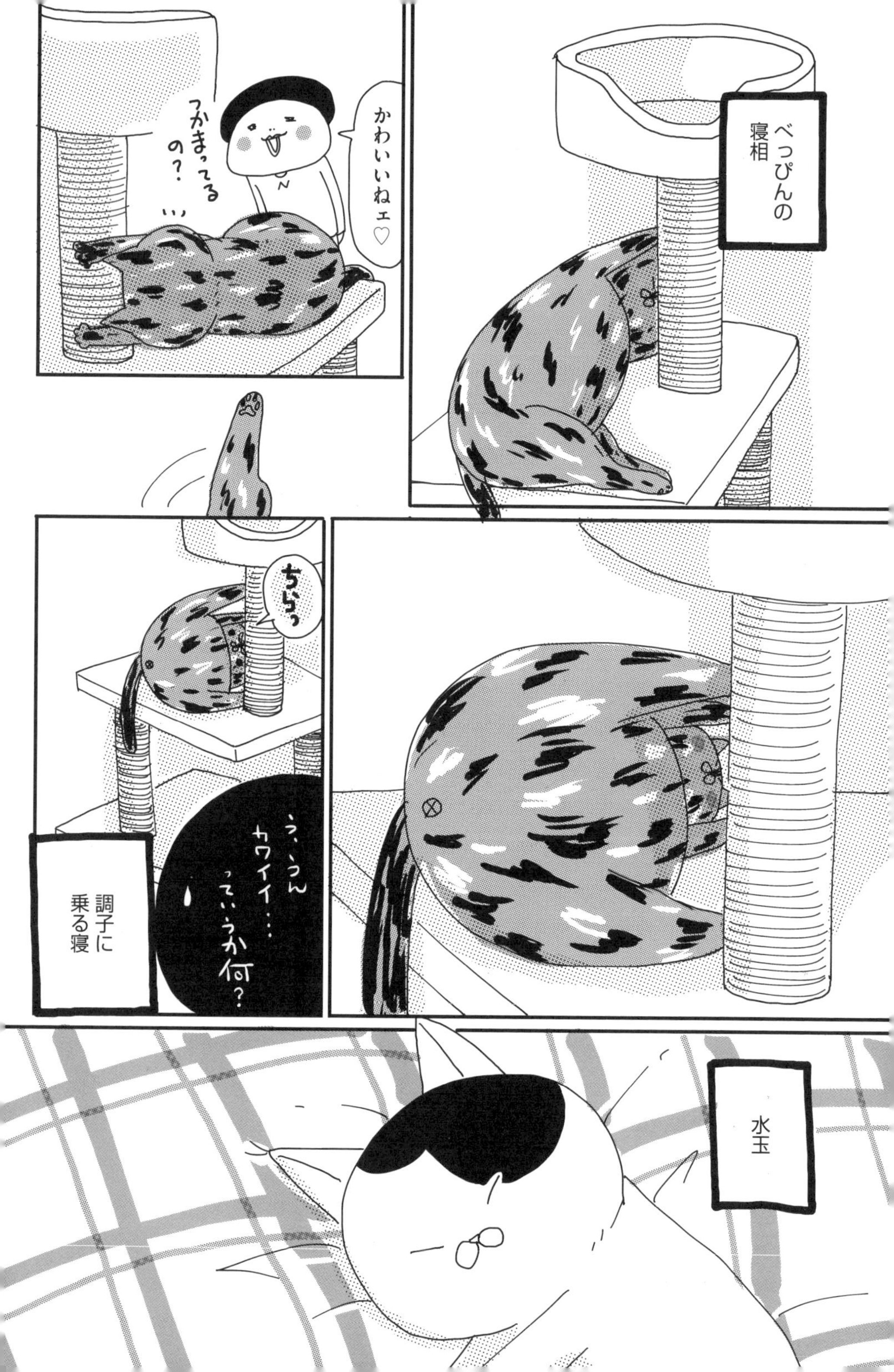
べっぴんの寝相
かわいいねェ♡
つかまってるの？
ちらっ
調子に乗る寝
う、うん カワイイ…っていうか何？
水玉

キチンとしてる寝
ぴしッ
ぶんちゃん
本名「親分」
乙女だ寝!!!
なに その手っ
少女マンガか…
ウチの女子の中で一番女らしいかもしれん…
男のコだけど
!

「福ちゃん」
ボイ〜ン♥
う…わー……
なんだろう こんなにオッパイ 丸出しなのに
全然色っぽく ない寝!!!
あは〜ん♥
ぶんちゃんの 勝ち!!
ぎゃあ゛
ひ!?
あ゛あ゛あ゛あ゛
ひゅん

？
？
スヤァ〜…
？
多喜ちゃん寝言大きすぎじゃ寝？
——でお茶目はというと…
パーン
パーン

おいしそうだ寝
コロン
う〜ん
もあっ
パグが熟睡した時に
かもし出す いいニオイ
むん
むん
ムチ
ムチ
ごちそうだ寝っ♡
結局
みんな
寝ている姿は
かわいい寝〜♡
——ということで
ある

ひぐち家
七不思議の
ひとつに
こういうものが
あります
な〜ん
あ〜ん
ひゃ
……
その21. We love トーさん♥
ひぐち父
猫全員に
モテモテ

10年前
ガブーッ
捕ったど━━!!!
イテー
おおっ
母が血まみれで保護した子猫
すぐそばが国道で車危ないし
かまれても絶対離すもんかと必死だったよー
そんな命の恩人の母に
栗《くり》ちゃんゴハンよ〜♡
保護から2カ月間姿を見せず
シュッ!
栗〜
父には秒でラブになった栗
な〜ん♥
ぴーっ

ラッくん♡
あーん♥
母が呼ぶと
父に返事する
楽《らく》ちゃん
トーさん♡
カーさんが
ボクを呼んで
ますね
いってきまーす
もー君との
さんぽの時は
ウホ
ウホ
キミたち
気をつけて
ついてくる
んだぞ
ハイ
ハイ

野良ニャン2匹が
助《すけ》さん格《かく》さんのごとく
ついて歩いた
ざむ
ざむ
ざむ
近所の名物だった
その野良ニャン2匹は現在
実家の家猫
として
迎えたのだが
いらっしゃーい
母
娘
のっし　のっし
家の中でも
父のあとを
ついて歩く親子
トイレなんだけど…
のっし　のっし
のっし
父の帰りが
遅いと
がーー
ボクのトーさん
トーさん…
がーー
ひーー
あたしのトーさん
じっ
ひたすら 待っ子・デラックス
猫たち
大騒ぎ

ただいまー
おかえり～
ゾロ
ゾロ
帰ってきても大騒ぎ
いったい父にどんな魅力が…？
ねェ…
撫で方が雑
ボン
ボン
おぅ
そしてもうひとり
コン
コン
父ラブなのが…
野菜いっぱい採れたからもってきた
ガチャ
お茶目ー
ありがと
ひ…

ひやーっ!!
ソプラノ
よしよし
だだだ
どどど
あーっ!!
失禁しそうなほど喜ぶお茶目
キャー
推しに会ったオタクか!!
朝も会ったでしょ!!
父の魅力ホントにナゾである

シュラッ
シュラッ
シュラ
シュラ
ジ

その22. アシスタントを紹介します

し…ん
うん
ゴメン…
今月こそ
間に合わない
かもしれん…
口癖
毎月恒例の
修羅場突入で
意味不明な
飼い主である

今さらですが
ウチのアシスタントを
紹介します
明日までに
アレ描いて
今週中に
アレとアレ
やって
週明けに
アレ送って…
ちゅっ♥
ちゅっ♥
ちゅっ♥
ちゅっ♥
ちゅっ♥
とにかく
あと10日で
全部終わらせる
ってコトでしょ
ちゅっ
ちゅっ
ちゅっ
ちゅっ
ちゅう〜〜っ
ゴロ…
えっ
間に合うの⁉
ゴロゴロゴロゴロ…
ゴロゴロゴロゴロゴロ
なんとか
なるか♡
あはは
リラクゼーション
担当の
べっぴん

とにかく
やらなくてはっ
カリ
カリ
にょっ
ま゛ぁ
おつかれさま♡
ま゛〜?
すこし休んだら?
多喜ちゃん
ありがとう♡
ま゛ぁ
ま゛?
ま゛ぁ〜
でも
今はじめた
ばかりで…
ま゛〜
ま゛ま゛〜
ま゛!!
ちょっ
うるさ…
ま゛ぁ〜
ま゛っ
ま゛〜
エール担当
多喜ちゃん
ふう♡

…………
カリ
カリ
カリ
見張り担当
水玉
じぃっ
近い…
ぐらん
ぐらん
カコン
カコン
カコン
あいぽっど
ガッ
一眼レフ

ガコッ
Noー!!
眠気《ねむけ》覚まし担当 ぶんちゃん
よっこら……
ぴとっ
せ?
スヤァ
寝かしつけ担当 福ちゃん
そして
たたたたたた

おはよーー!!!
どふっ
ガフッ
元気ですかーー!!
アントニオお茶目
2時間前に寝たばかりだからあまり元気ない…
っしゃーー!!!
さんぽ行こーー!!
どどどどどど
運動不足解消担当のお茶目
うぉおおおお
みんな優秀なアシスタントでホント助かってます…
あはは…
あとは自分でガンバレ
zzz

朝
さむ
さむっ
ピッ
ボッ
その23. ストーブ前の事情
ザッ
冬は
ストーブ前が
大人気である

ズラリ
ナゼ全員右側に並んでいるんだ？
？
はっ
ゴオオオ
右側から温風!!
ウチの子たちみんな天才!!
ピシーーッ
ん？
なんか香《こう》ばしい…
クンクン
ゴオオオ
福ちゃんコゲてる!!!

ストーブ
近すぎっ
危ないよっ
え〜
も〜
ゴオオオォ
ぐー
!!
そこの
子豚!!
丸焼きに
なるでしょ!!
ズリ
ズリ
あ〜
!!
カタ
カタ
カタ

ぶんちゃんっ
そこじゃ
遠すぎて
ストーブに
あたってる
意味ないよっ
さむい…
ゴォ
ホラ
もうちょっと
こっちで
あったまって!!
あ…
あったかい…♡
だんっ
どきなっ
がぶー
や～ん

ちょっと福ちゃん割り込まないのっ
だむ
どきなっ
パート2
どいてっ
あっ,
ちょっ
やめ…っ
あっ
やん
もしかして…
アホなの？この子たち…
あっ
あっ
あっ…
！

ストーブとの
ちょうどいいり
距離感
快適♥
水玉
賢い子!!
ひんやり
フローリング
おいりもあったかい♥
カーペットの上
どんっ
フシャー!!
アンド
恐ろしい子!!
あっー
さむい…
ストーブ
キョーミないズ
ストーブ
ひとつで
いろんな
ことが
わかるよね

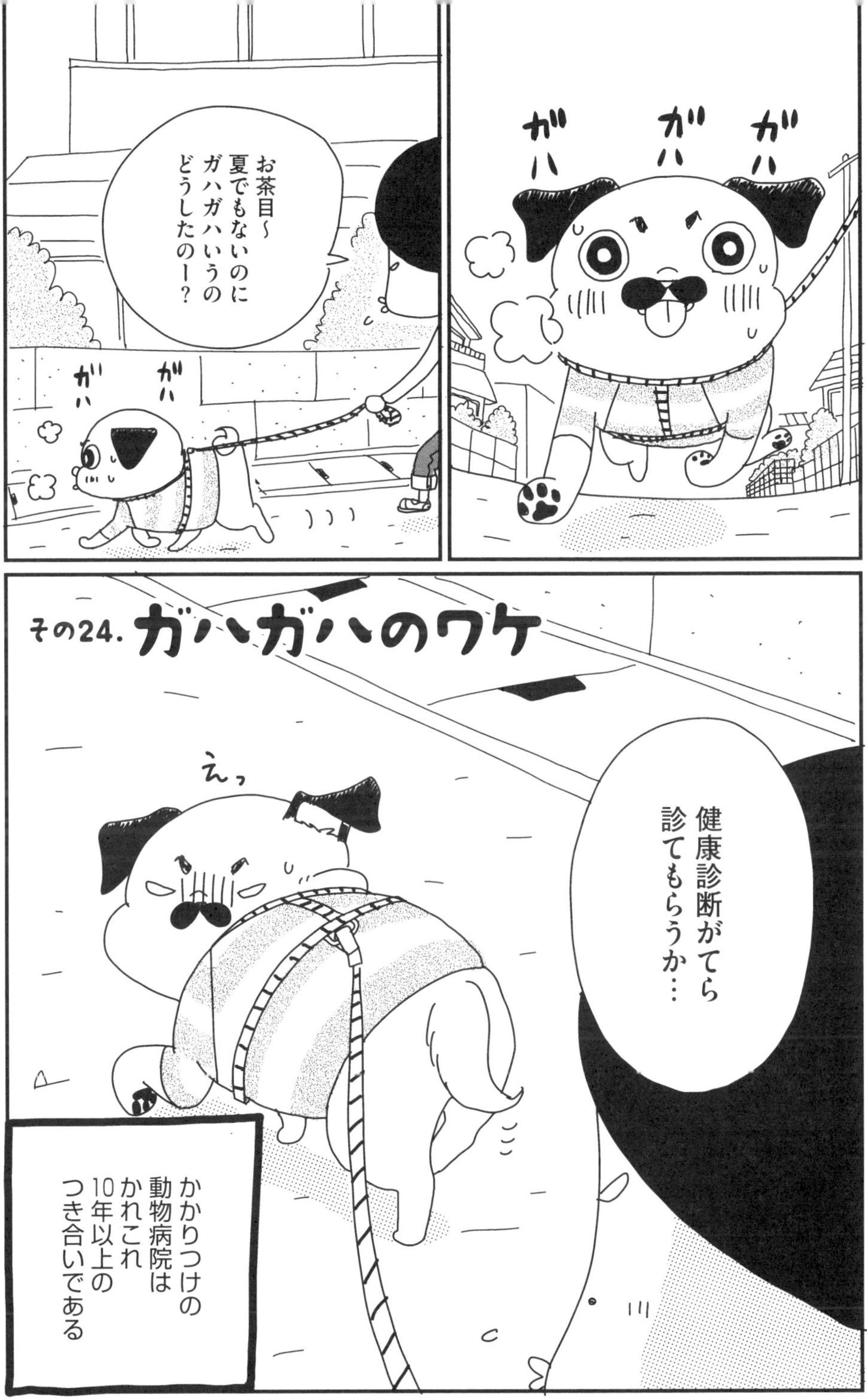
ガハ
ガハ
ガハ
お茶目〜 夏でもないのに ガハガハいうの どうしたのー？
ガハ
ガハ
その24. ガハガハのワケ
健康診断がてら 診てもらうか…
えっ
かかりつけの 動物病院は かれこれ 10年以上の つき合いである

数年前
どうしましたか？
先生っ多喜ちゃんがヤセた気がして…っ
どこか悪いんじゃないでしょうか
心配でっ
ピ
前より増えてる…
え!?
えっ
血液検査も異常なし
も──
あらヤダ♡
オホホ
先生にはいつも鼻で笑われている
ある時は…
先生〜
○△動物病

水玉が
昨日の夜から
吐きっぱなしで
よいしょっ
あーハイ
どれ
どすっ
ん?
2匹
入ってる
え!?
カタカタカタカタ
あ
あらヤダっ♡
いつのまにっ
オホホホホ
どうりで重いと
思ったわ
──で
今回
あれ!?
お茶目
太った!?
ぱっつ
ぱつ
キッッ

困ったな…
もうすぐ
健康診断なのに
？
・・・・・・
先生にまた
太ったって
鼻で笑われちゃう
ふえてる
ふえてる
ふえてる
もぅ何度
笑われたことか…
よっ
前に
量った時が
7.5kgだから
7.75kg…？
イヤ
これは
7.8…
7.85kg!!!
ずしっ
まあ
そのくらいなら…
冬だし……
ほエ…♥
○△動物病院

新記録
8.55 kgですね
WOW
ガク
ガク
ガク
ガク
ままままさかの8kg超え!!
ナゼ…どうして…
今日は健康診断ですよね
アレ? 鼻で笑われない
何か気になるところは?
かえる……
最近暑くもないのに息が荒いんです…
心臓とか大丈夫かなと
大丈夫っていってんじゃん!!
ではレントゲンと血液検査しましょう
ガンバレー
キャー
検査結果ですが

どこも異常なしでした
心臓も正常
おおっ!!
でもホントにガハガハ呼吸が荒くて…
それはおそらく
太ったからでは…
フフン
今回鼻で笑うとこそこだった

近所に子育て上手《じょうず》なボタンちゃんという野良猫がいて
育てた子猫をいろんな家に託して去っていくらしい……
のだが
その25. 3兄妹がやってきた!?
ウチにもきてしまったのである
ちゅー
ちゅー
ちゅー
授乳しながら
子猫っ♥
うわー……

じゃー
そういうことで…
そしてボタンちゃんは去っていった
どういうことで!?
キャッ
キャッ
キャハーー
じーーーっ
い今里親さん探してるからまっててねっ
ウチはもう大所帯だからさ…
じー
かわいーー♥
明後日《あさって》から大雪と大寒波《だいかんぱ》だって…
この冬一番の
HA!?
妹

…また なの…？
預かり 6回目よ…
きゃっ
きゃっ
きゃっ
ウチ 空き部屋 ないし…
里親さん 見つかるまで…っ
ブー フー ウー
へ？
呼び名… 3兄妹だから
知らない人は ググって
そんなワケで
ブー B
木《ボク》ちゃん ♂
フ F
風《ふう》ちゃん ♀
名付けちゃだよ…
ウー U
雨《あめ》ちゃん ♀
(仮)だからっ

あはは
楽しそうね 風ちゃん
うん たのしー♪
どん どん
!?
ガブ ガブ ガブ
イタイイタイ!!
雨ちゃん
クールなのに 激しいよね…
愛が
なでて♥
どすこーい

どすっ
うふふ
木ちゃん…
アンタ
ホントに子猫?
デカイ重い
おしゃべりボーイ
ん～?
んな～ん?
わ～ん
オモチャは抱っこ派
ばすっ
オモチャは狩る派
あげるー
うふふー
オモチャはプレゼント派
ふぅ
オモチャ遊びも
みんな違うね
…あのさ
こういっちゃ
なんだけど

今まで保護した子たちの中で
んなん
この兄妹が一番かわいいよね
それ毎回いってるけどね
できれば3兄妹一緒に迎えてほしいなあ
ね—
そして予報どおり
さんぽムリ—
ひゃほー♪
大雪大寒波がきたのでした
セーフ
おおっ
そんなワケで里親募集中です
※現在は募集しておりません

ひぐちにちほ＆ゆかいな仲間たちについて さらに 聞いてみた！

Q&A 105問

Q1　最近の、お茶目との印象的な出来事は？

「大至急」とか「目線ちょうだい」、「一緒にいく？ 留守番する？」など、以前よりもうちょっと具体的な話が通じるようになって、お茶目、猫じゃなくて人になってきた？ と。

Q2　最近の、水玉との印象的な出来事は？

15歳にして食欲旺盛になったこと。人間の食事にもグイグイ混ざってくる。

Q3　最近の、べっぴんとの印象的な出来事は？

抱っこブームらしく、時々ぎゅうっと抱きついてくる。かわいいけど仕事できない……。

Q4　最近の、ぶんちゃん（親分）との印象的な出来事は？

動物病院にいって、会計を済ませて帰る時、ぶんちゃんを忘れて帰ろうとしてしまった。

Q5　最近の、多喜ちゃんとの印象的な出来事は？

おやつタイムというのを毎日夕方5時のルーティンにされてしまい、その催促がウザかわいい♥

Q6　最近の、福ちゃんとの印象的な出来事は？

夜寝る時、あごとか首にかみついてくる決まり。ホントやめてほしい。

Q7　ひぐちさんの好きな色は？

赤。

Q8　ゆかいな仲間たちをそれぞれ色に表すと？

お茶目⇒オレンジ、べっぴん⇒赤、水玉⇒水色、ぶんちゃん⇒ピンク、多喜ちゃん⇒紫、福ちゃん⇒黄色。

Q9　「自分にもほしい！」と思う、ゆかいな仲間たちの能力は？

真っ暗でも見える目。

Q10　ゆかいな仲間たちに対して、「仲間に入れてよ～」と思うことは？

プロレスごっこ。ポカスカ楽しそうでいいなぁ、と。

Q11　ひぐちさんの長所と短所は？

長所⇒のんびりしてるところ。
短所⇒のんびりしてるところ。

Q12　ひぐちさんの視力は？

1．5（でもメガネが手放せないお年頃♥）。

Q13　ひぐちさんが好きな季節と、その理由は？

夏（暑いけど元気出る）。

Q14　「これさえあれば、なんでもがんばれる♥」というものは？

おやつ！

Q15　仕事をする上での、三種の神器は？

ゆかいな仲間たち、AirPods、コーンスープ。

Q16　今までに、もらって一番うれしかったものは？

一番はつけられないなぁ。

Q17　ゆかいな仲間たちがまさかの擬人化で実写化！ それぞれ誰に演じてほしい？

お茶目⇒オカリナさん、べっぴん⇒市川実日子さん、水玉⇒菜々緒さん、親分⇒岡田将生さん、多喜ちゃん⇒柴田理恵さん、福ちゃん⇒フワちゃん

Q18　最近起きた、めちゃくちゃテンションが上がった出来事は？

最近ではないけど、8匹の子猫の里親が全員決まった時。

Q19 最近起きた、めちゃくちゃ怖かった出来事は？

べっぴんが吹き抜けの2階の手すりから落ちた時。

Q20 最近起きた、めちゃくちゃビックリした出来事は？

家の中にコウモリがいた。

Q21 ゆかいな仲間たちと旅行にいくとしたら、どこで何をしたい？

北海道でバーベキュー。

Q22 お茶目の能力をひとつもらえるとしたら？

スタミナ。

Q23 水玉の能力をひとつもらえるとしたら？

気品。

Q24 べっぴんの能力をひとつもらえるとしたら？

ドジしても大ケガしないところ。

Q25 ぶんちゃんの能力をひとつもらえるとしたら？

フォトジェニック。

Q26 多喜ちゃんの能力をひとつもらえるとしたら？

寛容さ。

Q27 福ちゃんの能力をひとつもらえるとしたら？

能天気さ。

Q28 ひぐちさんが「実は私、これ得意なんです♥」ということは？

オセロ。

Q29 ひぐちさんの得意料理は？

納豆ドリア。

Q30 今まで食べたものの中で、一番おいしかったもの（印象に残っているもの）は？

ドリアン。

Q31 いつか食べてみたいな～と思うものは？

蟹しゃぶ。

Q32 いつかいってみたいな～と思う場所は？

北海道。

Q33 この世の中で、一番苦手なこと・ものは？

セミ。

Q34 お酒は強い？ 好きなお酒は？

強くないけど、日本酒、ビール、ハイボールが好き♥

Q35 もし未来にいけるとしたら、どこにいって何をしたい？

未来はあまり興味がなくて、過去なら大正時代。建物とか着物とかリアルタイムでその時代の人たちを見てみたい。

Q36 もし言葉を話せるとしたら、お茶目に何をいってみたい？

ご飯の時、もうちょっと落ち着いて。

Q37 もし言葉を話せるとしたら、水玉に何をいってみたい？

その調子♥

Q38 もし言葉を話せるとしたら、べっぴんに何をいってみたい？

ドジなんだから、もう少し気をつけて。

Q39 もし言葉を話せるとしたら、ぶんちゃんに何をいってみたい？

腎臓サポートのご飯食べて。

Q40 もし言葉を話せるとしたら、多喜ちゃんに何をいってみたい？

ちょいちょいする時、ツメ立てないで。

Q41 もし言葉を話せるとしたら、福ちゃんに何をいってみたい？

夜はすんなり寝かせてくれ。

Q42 「会いたい人に会わせてあげます！」といわれたら、誰に会って何をしたい？

所ジョージさん。世田谷ベースで「あれもこれもあげるよ」といわれたい。

Q43 ゆかいな仲間たちの誰かと入れ替わって1日過ごすとしたら、誰になって何をしたい？

多喜ちゃんになって寝たい（一番気持ちよさそうに寝るから）。

Q44 実は持っていることを自慢したいものは？

仮面ライダー40周年記念の目覚まし時計（友人からのプレゼント）。

Q45 ひぐちさんが家の中でお

気に入りのスポットは？
土間。

Q46　お茶目が家の中でお気に入りのスポットは？
夏は土間（ひんやり）。

Q47　水玉が家の中でお気に入りのスポットは？
2階の窓でひなたぼっこ。

Q48　べっぴんが家の中でお気に入りのスポットは？
ソファの上。

Q49　ぶんちゃんが家の中でお気に入りのスポットは？
押し入れの中。

Q50　多喜ちゃんが家の中でお気に入りのスポットは？
最近買ったベッドの中。

Q51　福ちゃんが家の中でお気に入りのスポットは？
水屋箪笥の上。

Q52　漫画家以外で、やってみたいお仕事は？
アパートの大家さん。

Q53　漫画家でよかったなと思うことは？
堂々と引きこもれる。

Q54　ひぐちさんが朝起きて一番にすることは？
猫にご飯。

Q55　ひぐちさんの寝起きの良さを5段階で評価すると？
猫にご飯を催促されない時は3、される時は5。

Q56　口癖はある？
「〜と思って」。

Q57　最近買ったものは？
ペリカンのパン。

Q58　今までで一番衝撃を受けた、ゆかいな仲間たちの寝相は？
福ちゃんの、あおむけでぐったり死んでるかと思った寝。

Q59　コレクションしているものは？
パググッズ。

Q60　好きな言葉は？
サクランボ食べ放題。

Q61　犬と猫意外に飼ってみたいなと思うのは？
ヤギ。

Q62　米派？　パン派？　麺派？
朝はパン、昼は麺、夜は米派。

Q63　好きなおにぎりの具は？
納豆。

Q64　好きなパンは？
デニッシュショコラ。

Q65　好きな麺は？
パスタ。

Q66　ニャンコチームのご飯はみんな同じ味？
全員違う（大変）。

Q67　最近インパクトがあった、お茶目の「うん文字」は？
「9」。

Q68　好きな香りは？
納豆。

Q69　お茶目の散歩の時間は？
1時間弱。

Q70　お茶目の散歩のコースは？
朝と午後合わせると6コースくらいをローテーションで。

Q71　ニャンコチームの中で、一番の食いしん坊は？
誰もいない……お茶目以外。

Q72　ゆかいな仲間たちを擬人化してオリジナルストーリーを描くとしたら、どんな物語にする？
『白雪姫』かな。

Q73　お茶目が、目の前にするとテンションが上がるものは？
おやつ、ご飯、食べ物ならなんでも。

Q74　水玉が、目の前にするとテンションが上がるものは？
ちゅ〜る。

Q75　べっぴんが、目の前にするとテンションが上がるものは？
飼い主？

Q76　ぶんちゃんが、目の前にするとテンションが上がるものは？
缶詰。

Q77　多喜ちゃんが、目の前にするとテンションが上がるものは？
カツオスティック。

Q78　福ちゃんが、目の前にするとテンションが上がるものは？
マスター（妹）。

Q79　パグ友さんはいる？

さっちゃん。

Q80 最近見た、印象に残っている夢は？
アパートを建てた。

Q81 ゆかいな仲間たちが夢に出てきたことはある？ どんな夢だった？
出てきたことがない！ そういえば！

Q82 お茶目が「大人になったなぁ」と思う瞬間は？
よく寝るようになった。

Q83 実は、ゆかいな仲間たちに秘密にしていることは？
またバセット・ハウンドもいいなぁ、と思っていること。

Q84 ゆかいな仲間たちの中で、自分と「似てるなぁ」と思うのは？
べっぴん。

Q85 いつかしてみたい髪形は？
金髪の坊主。

Q86 その後、お茶目となないちゅの距離は縮まった？
相変わらずです（笑）。

Q87 ゆかいな仲間たちはケンカをすることある？
本気のケンカはありません。

Q88 スマホの待ち受け画面は？
乙女とコロン（ボ）（先代パグとバセット・ハウンド）。

Q89 犬&猫両方飼っている人に聞いてみたいことは？
犬と猫、仲良しですか？

Q90 多頭飼いしている人に聞いてみたいことは？
大変ですか？

Q91 ニャンコチームの中で、一番運動神経がいいのは？
水玉。

Q92 1日の中で、一番好きな時間は？
お昼食べ終わって、おやつの時間になるまでの間が一番穏やか。ゆかいな仲間たちも。

Q93 今まで作ったグッズの中で、一番反響があったのは？
もー君のフォトブック。

Q94 よく見るSNSのアカウントは？
不動産屋の中古物件。

Q95 最近、お茶目を「猫っぽいな」と思ったことは？
虫を追いかける(やめてほしい)。

Q96 ニャンコチームもひぐちトーさんのこと大好き？
トーさんがくるとワラワラ集まってきます。

Q97 ニャンコチームの誕生日を祝うことはある？
一度もないです……！ ごめん！ お茶目の誕生日も、周りに教えてもらって気がつくほどなので……。

Q98 最近、ボタンちゃんを見かけた？
見かけます。また産んだみたいです……。

Q99 宝くじで遊んで暮らせるくらいの大金を手に入れた！ どうする!?
古民家移築！ 京都で目をつけてる古民家物件も買う！ アパートを建てる！

Q100 「この能力がほしい！」と思うことは？
漫画がうまくなる能力!!

Q101 日々の楽しみは？
おやつ（改めて今の自分にはおやつしかないことが判明……！）。

Q102 また家を建てるとしたら、どんな家にする？
予算を考えずに古民家移築。猫が風邪を引いた時に隔離する部屋がなくて困ったので、とにかく部屋はもっとほしい！

Q103 甘党？ 辛党？
どちらでもない。おやつはおせんべいも好き♥

Q104 好きなスイーツは？
最近アフォガードにハマってます。

Q105 最後に、読者の皆様にひと言！
いつも本当にありがとうございます！

あとがき
最近 お茶目が
かわいさレベルアップ
しまして
ニャンコチームも
のびしろスゴイな!!
って感じで
つまり
何が
いいたいかと
いいますと
ガッ
『ウチパグ』2巻を
手にとって
くださり
ありがとう
ございました!!
!?

ウチのパグは猫である。2.

2021年7月20日初版第一刷発行

著者　ひぐちにちほ
発行人　今 晴美
発行所　株式会社ぶんか社
〒102-8405　東京都千代田区一番町29-6
TEL 03-3222-5125（編集部）
TEL 03-3222-5115（出版営業部）
www.bunkasha.co.jp
装丁　川名潤
印刷所　大日本印刷株式会社

ISBN978-4-8211-4591-1

初出一覧
『本当にあった笑える話スペシャル』
2019年3～12月号
2020年1～12月号
2021年1～3月号
※本書は上記作品に描き下ろしを加え、構成したものです。

ひぐち家の ゆかいな仲間たち 写真館

もー君と一緒に
野良の里へ〜。

上目づかいの天才かな!?

イチゴイチゴ
イチゴ…

ななちゅのパワーに
お茶目タジタジ…。

8匹の子猫たちに
ぶんちゃんタジタジ…。

実家のミー&ハート親子❤

ヤクルトも大好物❤

美しい寝っ!

おいしそうだ寝♥

ひぐち家の ゆかいな仲間たち 写真館

仕事ができない寝〜。

気持ち良さそうだ寝〜。

甘えんぼうだ寝♥

イケメンが台なしだ寝!?

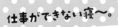

おしいっ！　いないのは誰だっ!?

ブーフーウー3兄妹♥

ひぐち猫ンプリ〜ト〜♥

ストーブの近くに
いきたい…。